BEI GRIN MACHT SICH IHR WISSEN BEZAHLT

AF141567

- Wir veröffentlichen Ihre Hausarbeit,
  Bachelor- und Masterarbeit

- Ihr eigenes eBook und Buch -
  weltweit in allen wichtigen Shops

- Verdienen Sie an jedem Verkauf

Jetzt bei www.GRIN.com hochladen und kostenlos publizieren

Christian Weber

Perspektiven und Zukunftschancen von Ingenieuren auf dem Arbeitsmarkt

GRIN Verlag

Bibliografische Information der Deutschen Nationalbibliothek:

Die Deutsche Bibliothek verzeichnet diese Publikation in der Deutschen National-bibliografie; detaillierte bibliografische Daten sind im Internet über http://dnb.d-nb.de/ abrufbar.

Impressum:

Copyright © 2007 GRIN Verlag GmbH
Druck und Bindung: Books on Demand GmbH, Norderstedt Germany
ISBN: 978-3-638-74636-6

GRIN - Your knowledge has value

Der GRIN Verlag publiziert seit 1998 wissenschaftliche Arbeiten von Studenten, Hochschullehrern und anderen Akademikern als eBook und gedrucktes Buch. Die Verlagswebsite www.grin.com ist die ideale Plattform zur Veröffentlichung von Hausarbeiten, Abschlussarbeiten, wissenschaftlichen Aufsätzen, Dissertationen und Fachbüchern.

Besuchen Sie uns im Internet:

http://www.grin.com/

http://www.facebook.com/grincom

http://www.twitter.com/grin_com

Hausarbeit im Fach

Technik-Gesellschaft-Umwelt

an der

Hochschule Fulda

Christian Weber

Perspektiven von

Ingenieurinnen und Ingenieuren auf dem Arbeitsmarkt

Inhaltsverzeichnis

1 Einleitung

Im Zuge der Globalisierung und dem stetig steigenden Wettbewerbsdruck gewinnt der Beruf des Ingenieurs immer mehr an Bedeutung.

Zu früheren Zeiten sowie auch noch heute gilt der Ingenieur als „Tausendsassa". Das Bild vom in der Garage tüftelnden Ingenieur, der mit einem Schraubenschlüssel alles möglich macht, ist vielmals noch in den Köpfen der Menschen vorhanden.1 Doch seine Aufgaben und Problemstellungen sind in den meisten Fällen zu komplex, als das er sie alleine bewältigen könnte. Vor allem Teamarbeit und Flexibilität sind unabdingbare Voraussetzungen für den Ingenieurberuf.

Doch die steigende Nachfrage nach Ingenieuren ist kaum zu befriedigen. „Uns fehlen Ingenieure und technische Fachberufe", warnt Bundeskanzlerin Angela Merkel (CDU).2 Alleine in Indien und China machen jährlich 700 000 Studenten einen Abschluss in einem naturwissenschaftlichen Fach. Im Vergleich zu Europa sind dies doppelt so viele.

Doch die Ursachen für den Ingenieurmangel sind vielfältig. Zum einen fehlt es den Schülern in der Schule am notwendigen Interesse für naturwissenschaftliche Fächer und zum anderen entscheiden sich viele Studenten gegen ein Studium der Ingenieurwissenschaften wegen der hohen Durchfallquoten. In den Studienrichtungen wie Maschinenbau und Elektrotechnik liegt die Quote derer, die sich für einen Abbruch des Studiums entscheiden bei 50 Prozent an den Universitäten. Bei Fachhochschulen sind es etwa 35 Prozent.

Es gibt allerdings wenige Frauen, die sich für ein technisches Studium begeistern lassen, obwohl die Anzahl der Absolventinnen von technischen Studiengängen gestiegen ist.

In meiner Hausarbeit möchte ich Ihnen einen theoretischen Überblick über die beruflichen Perspektiven von Ingenieurinnen und Ingenieuren verschaffen.

1Vgl. Süddeutsche Zeitung vom 19.10.2006 Arbeitsmarkt für Ingenieure

http://www.sueddeutsche.de/jobkarriere/berufstudium/artikel/969/88881/print.html

2Der Spiegel 50/2006 Seite 66

2.) Ursprung und Definition des Begriffs „Ingenieur"

2 Ursprung und Definition des Begriffs „Ingenieur"

Das Lexikon bietet folgende Begriffserläuterung:

„Ingenieure sind diejenigen, die an der Universität oder Hochschule ein technisches Fach studiert haben".3

Der Ursprung des Begriffs ist dem lateinisch-französischen zuzuordnen. Der Begriff geht auf den Franzosen Sebastien le Pestre de Vauban, den Fertigungsbaumeister Ludwig des XIV, zurück. Der Begriff hat die Bedeutung, fähig zu sein Produktionsfaktoren wie Ideen, Material und die Arbeit zu koppeln, um anschließend das gewünschte Produkt bzw. Dienstleistung zu erhalten. Die Definition ist passend. Sie lässt sich anhand des schöpferischen Denkens und kreativem Handelns der Ingenieure belegen.

3 Beschäftigungssituation von Ingenieuren in der BRD

„Ingenieure bleiben gefragt und werden es in der Zukunft noch sein", lautet die Überschrift im Wirtschaftsteil vieler Zeitungen. Doch woher kommt der so plötzliche Wandel auf dem Arbeitsmarkt, wo doch einige Kritiker über die höchste Arbeitslosigkeit seit der Nachkriegsgeschichte diskutieren?

Anders als bei Wirtschaftswissenschaften besteht ein enger Zusammenhang zwischen dem Ingenieurbedarf und der Konjunktur. Zu diesem Ergebnis ist auch der VDI (Verein Deutscher Ingenieure) in zahlreich durchgeführten Studien gekommen. In wirtschaftlich schwachen Zeiten wird die Produktion und Entwicklung meist zurückgefahren, zum Leid der Ingenieure. Controller hingegen werden auch benötigt, wenn die konjunkturelle Lage zu Wünschen übrig lässt.

3Microsoft® Encarta® Enzyklopädie 2007 © 1993-2006 Microsoft Corporation

4

Jedoch ist seit dem Jahr 2001 wieder ein Beschäftigungsaufschwung in Sicht. Aus dem Arbeitsmarktbericht für Akademiker geht hervor, dass die Arbeitslosenquote um 0,3 Prozent zurückging. Die positiven Erwartungen werden vor allem durch den anhaltenden Boom in der Exportbranche untermauert. Der Beruf des Ingenieurs hat sich zudem noch drastisch verändert und bietet vielen Einsteigern geradezu „unbegrenzte Möglichkeiten". „Aus der Garage ist der Globus geworden und aus der Konstruktionszeichnung für einen Generator der Projektplan für die Energieversorgung ganzer Landstriche", erwähnt Tom P. Kohler, Sprecher des Netzwerkes im VDE (Verband der Elektrotechnik) beim Interview mit der Süddeutschen Zeitung.4

Die Voraussagen über die Entwicklung der Nachfrage nach Ingenieuren sind in den meisten Fällen nur schwammig zu beantworten, da die Nachfrage mit den zyklisch auftretenden Konjunkturschwankungen gekoppelt ist. Viele Faktoren kommen dabei in Betracht. So kann z. B. die Verlagerung der Produktion in das kostengünstige Ausland verursachen, dass Betriebe weniger Ingenieure einstellen. Unternehmen berücksichtigen dies in Ihrer Planung und geben deshalb nur Tendenzen über Ihren Bedarf an.

Trotz der unpräzisen Prognosen sind Ingenieure gefragter denn je. Jeder vierte Betrieb in Deutschland bestätigt die steigende Nachfrage und befürchtet, dass in naher Zukunft der Nachwuchs nicht ausreiche. 5

Eine Studie vom Forschungsinstitut Prognos im Auftrag des VDMA (Verband deutscher Maschinen –und Anlagenbau) belegen diese Thesen. Bis 2010 sollen 47.000 Ingenieure gesucht werden.6 Auf Dauer kann dadurch der Wirtschaftsstandort Deutschland für ausländische Investoren an Attraktivität verlieren.

4Vgl. Süddeutsche Zeitung vom 19.10.2006 Arbeitsmarkt für Ingenieure
http://www.sueddeutsche.de/jobkarriere/berufstudium/artikel/969/88881/print.html
5Vgl. Prof. Dr.-Ing. Klaus Henning; Ingenieure 2007; 22. Auflage; Staufenbiel Verlag; Aachen 2006, S. 8

4 Ursachen für den Ingenieurmangel

Durch den Wandel der Zeit und wegen der rasanten Veränderungen suchen Unternehmen hauptsächlich junge Hochschulabsolventen, die den hohen Anforderungen der Betriebe nicht immer gewachsen sind. Betriebe stellen hauptsächlich Absolventen mit Spezialwissen und breitgefächertem Kenntnissen ein. In der Vergangenheit wurde dem Begriff „Mismatch" eine größere Bedeutung zugeordnet. Die Definition „Mismatch" hat die Bedeutung, dass das Qualifikationsprofil der Ingenieure von den gedachten Anforderungen der Arbeitgeber nicht übereinstimmen. Zudem haben einige Bewerber mangelnde Berufserfahrung und meistens fehlt ihnen einschlägiges Know-How um die Wünsche der Unternehmen zu erfüllen. Personalentscheider beklagten, dass die Ausbildungsinhalte veraltet und nicht zielgerichtet auf die Praxis ausgerichtet seien.7 Die Folge davon ist, dass viele Ingenieure arbeitslos sind, obwohl Unternehmen händeringend nach ihnen Ausschau halten. Dabei können die offenen Stellen oft nicht besetzt werden.

In Insiderkreisen des Bundesministeriums für Bildung und Forschung sieht man noch weitere Gründe für den wachsenden Bedarf an technischen Fachkräften. In den 90er Jahren wurde dieser technische Wandel in der Beschäftigungspolitik von Betrieben sowie auch der Bildungspolitik „verschlafen". Die Trendwende hätte früher erkannt werden müssen, um die Weichen für den heutigen stark technologisch ausgeprägten Markt zu stellen.8

Auch die geringe Anzahl an Studienanfängern macht es Unternehmen nicht einfach qualifizierten Nachwuchs für vakante Stellen zu finden. Sieht die Arbeitsmarktlage für Ingenieure gut aus, steigt auch gleichzeitig die Anzahl der Immatrikulationen an den technischen Hochschulen.

---

6 Vgl. Katrin Alberts; Technik; 5. Auflage; Staufenbiel Verlag; S. 10

7Vgl. VDI-Nachrichten vom 23.01.2004 „Unternehmen rechnen mit starkem Ingenieurmangel in der Zukunft"
http://www.vdi-nachrichten.com/vdi-nachrichten/wir/pressemitteilungen/ingenieurmangel.asp

8 Vgl. Bundesministerim für Bildung und Forschung; Situation und Perspektiven der Ingenieurinnen und Ingenieure in Deutschland; Bundestags-Drucksache 14/7999; 2002; Seite 2 http://www.bmbf.bund.de/pub/bt-drucksache_1407999.pdf

Bei einem wirtschaftlichen Abschwung hingegen entscheiden sich die meisten Studieninteressierten gegen ein Ingenieurstudium. Dieses Phänomen wurde von amerikanischen Wissenschaftlern in der Schweinezucht festgestellt und wird im Volksmund als „Schweinezyklus" beziffert. Die negative Seite des „Schweinezyklus" ist noch immer vorhanden. So haben in den wirtschaftlich „schlechten Jahren" wie 2004 nur 85.000 Studenten ein technisches Studium aufgenommen.9

Drei Viertel aller Betriebe in Deutschland bekommen das Ausbildungsdefizit durch die geringe Anzahl an Bewerbungen zu spüren. Unternehmen beklagen oft, dass es schwierig sei mit der regionalen Konkurrenz der bekannten Großbetriebe mitzuhalten, die „bergeweise" Bewerbungen erhalten. Das Interesse an naturwissenschaftlichen Fächern hat abgenommen.10 Dies ist ein weiterer Grund für die schwierige Rekrutierungssituation. Einigen Schülern machen die hohen Durchfallquoten zu schaffen. Anderen Interessenten ist der Stoffe zu trocken.

---

9 Vgl. Prof. Dr.-Ing. Klaus Henning; Ingenieure 2007; 22. Auflage; Staufenbiel Verlag; Aachen 2006, S. 12

10 Vgl. VDI-Nachrichten vom 23.01.2004 „Unternehmen rechnen mit starkem Ingenieurmangel in der Zukunft"
http://www.vdi-nachrichten.com/vdi-nachrichten/wir/pressemitteilungen/ingenieurmangel.asp

5 Maßnahmen gegen den Ingenieurmangel

„Die Bildungspolitik tue zu wenig, um den Nachwuchs zu fördern", lautet die Devise von diversen Verbänden. Idealerweise sollte die Bildungspolitik für einen Nährboden von technisch Begeisterten sorgen. „Der Zug ist abgefahren", wenn nicht rechtzeitig bei Kindern und Jugendlichen für technisches Interesse gesorgt wird. In der Kindheit sollte der Grundstein für die ambitionierten Techniker von morgen gelegt werden. Vor allem Schulkinder der unteren Klassen sollte der Spaß an den Naturwissenschaften vermittelt werden.11

Eine weitere Strategie um den Mangel an Experten zu überwinden ist die Mitarbeiterbindung. Kleinbetrieben wird es nahegelegt, die derzeitigen „Motoren der Wirtschaft", so ist die Bezeichnung für die technischen Alleskönner, nicht wegfahren zu lassen. Sie sollten vielmehr in Beziehungsmanagement zwischen den Führungskräften und den Mitarbeitern investieren. Als Zufriedenheitstreiber geben die Mitarbeiter den Führungsstil des Vorgesetzten an. Oft lässt dieser zu wünschen übrig. Daher ist es sinnvoll die Qualifizierung von Führungskräften zu fördern. Weiterhin fehlt Kleinunternehmen das notwendige Kleingeld, um in aufwendige Rekrutierungsaktionen zu investieren. Zudem bieten kleinständische bis mittelständische Konzerne Mitarbeitern niedrigere Gehälter als die „Großen". Die Großkonzerne machen es den „Kleinen" nicht einfach an qualifiziertes Fachpersonal zu gelangen. Laut der VDI-Ingenieurstudie halten 42 % der Studierenden nach Großkonzerne Ausschau.12

Personalmarketing und Personalentwicklung sind die Schlüssel zum Erfolg gegen den Ingenieurmangel. „Die Mischung macht's."

Vier Fünftel der Unternehmen beklagen auch eine Divergenz zwischen Praxis und Theorie. Nicht alles was in der Universität vermittelt wird, ist auch brauchbar für den Alltag. Weiterhin liegt ein Mangel in der langen Studiendauer der Studenten. Studiengänge müssten verkürzt werden, um das Leck der Experten in der Arbeitswelt zu reparieren.

---

11 Vgl. ibau Wirtschaftsnachrichten vom 29.01.2007 „Ingenieurmangel wird zur Wachstums – und Innovationsbremse"

http://www.ibau.de/forum/wirtschaftsnachrichten/msg.1170224677.404418.html

Bedauerlicherweise hat die Regierung bis jetzt noch kein Riegel für die Abwahl von naturwissenschaftlichen Fächern an Schulen vorgeschoben. Physik und Mathematik sind die entscheidenden Grundlagen für den Ingenieurberuf.

6 Welche Ingenieure werden gesucht?

Das naturwissenschaftliche Studium hat so manchen Studenten allerlei Nerven gekostet. Die Inhalte sind nicht immer ein Zuckerschlecken. Doch wenn man es geschafft hat, stehen einem alle Türen in der Arbeitswelt offen. Ob Einkauf, Vertrieb, Marketing oder Maschinenbauingenieure haben demnach die besten Chancen für eine Anstellung. Die Hälfte aller ausgeschriebenen Stellen (54 %) kommen Ihnen zu Gute.14 In den vergangenen Jahren wurden Sie vermehrt von der Automobilindustrie, Ingenieurbüros, aber auch von Unternehmensberatungen wie McKinsey nachgefragt.

Die analytische Fähigkeit komplexe Probleme schnell zu erkennen und zu lösen sind klassische Kennzeichen der Ingenieurstätigkeit. Deshalb werden sie meistens an Schnittstellen eingesetzt. Konstruktionsaufgaben und Strategieentwicklung gehören ebenso zur täglichen Arbeit wie Umweltverträglichkeit.

Ein Großteil der Maschinenbauingenieure wird in der Entwicklung und Konstruktion eingesetzt. CAD-Kenntnisse sind unerlässliche Werkzeuge des technologischen Zeitalters. Kosteneinsparungen von Realversuchen können mit Hilfe von Simulationsaufgaben im erheblichen Ausmaß verwirklicht werden.15

12VDI –Ingenieurstudie 2005; S. 11

http://www.vdi.de/imperia/md/content/presse/Studie_Wissensforum.pdf

Qualitätsmanagement, Ingenieure sind in allen Abteilungen vertreten.

Nach der Wiedervereinigung hatten Bauingenieure die besten Chancen eingestellt zu werden. In Zeiten knapper Kassen und häufigen Insolvenzanmeldungen ist es heutzutage schwer, sein Glück als Bauingenieur zu versuchen. Welches sind also die vielversprechenden Fachrichtungen?

Der größte Personaldienstleister der Welt Adecco hat 29.000 Stellenanzeigen in über 40 regionalen und überregionalen Zeitungen unter die Lupe genommen. 13

13Vgl. Prof. Dr.-Ing. Klaus Henning; Ingenieure 2007; 22. Auflage; Staufenbiel Verlag; Aachen 2006, S. 24

14Vgl. VDI –Ingenieurstudie 2005; S. 8

http://www.vdi.de/imperia/md/content/presse/Studie_Wissensforum.pdf

16 Vgl. VDE –Ingenieurstudie 2005; S. 7

http://www.think-ing.de/index.php?media=999

Elektroingenieure müssen sich auch nicht „verstecken". Sie liegen auf Platz zwei der meistgesuchtesten Fachkräfte. Sie findet man in der Elektroindustrie, Automobilbau, Medizin –und Nachrichtentechnik und bei Telekommunikationsunternehmen. „Mehr als 50% der gesamten deutschen Industrieproduktion und über 80% der Exporte hängen von der Elektro und Informationstechnik ab", erläutert der Verband der Elektro –und Informationstechnik.

Der Beruf des Wirtschaftsingenieurs ist abwechslungsreich. Wirtschaftsingenieure sind flexibel und haben ein breites Spektrum an Fachwissen. Sie werden an wirtschaftlichen und technischen Schnittstellen wie Controlling, Produktion oder Vertrieb eingesetzt. Betriebe halten das Ausbildungskonzept der „Alleskönner" als passend und zukunftsweisend. Ihre Aufgaben können Planung, Prozesskostenanalyse und Geschäftsoptimierung sein.

Die Strapazen eines Ingenieurstudiums machen sich spätestens nach dem Studium bezahlt. Wenige Bewerbungen genügen für eine Festanstellung.

7   Frauen im Ingenieurberuf

Frauen sind selten in technischen Studiengängen anzutreffen. Frauen studieren kreative Fächer, deren Studieninhalte über Menschen oder Umwelt handeln. Doch im Zuge der Gleichstellung der Frauen sollte die Attraktivität der technischen Studiengänge für Frauen verbessert werden. Längst schon haben Unternehmen eine neue Marktlücke entdeckt und die Frau als Kundin wahrgenommen. Bedauerlicherweise können Sie kaum auf deren Wünsche zurückgreifen, da Ihnen das weibliche Potential bisher noch verborgen geblieben ist. Das sollte sich ändern.

7.1   Arbeitsmarktentwicklung für Ingenieurinnen

Ab dem Ende der siebziger Jahre stieg die Anzahl der weiblichen Immatrikulationen für technische Fächer. Weiterhin hat sich in den letzten fünfzehn Jahren die Studiensituation der Frauen verbessert.   17

Die Steigerung des Anteils an Studentinnen ist auf zwei Gründe zurückzuführen. Männliche Ingenieursstudenten haben sich gegen ein technisches Studium entschieden und somit wuchs auch stetig der weibliche Anteil.18 Der zweite Grund ist, dass Frauen auf bestimmte

Studiengänge fixiert sind. Frauen sind beispielsweise zunehmend in der Fachrichtung Textil – und Bekleidungstechnik vertreten. Dort trifft man von zehn Studenten auf acht Weibliche. Trotz aller frohen Botschaften waren im Wintersemester 2005/2006 nur 67.000 angehende Ingenieurinnen für technische Fächer immatrikuliert. Deutschland liegt im europaweiten Vergleich neben der Schweiz, Österreich und Luxemburg mit an letzter Stelle.

17Vgl. Prof. Dr.-Ing. Klaus Henning; Ingenieure 2007; 22. Auflage; Staufenbiel Verlag; Aachen 2006, S. 16 18Vgl. Wissenschaftliches Sekretariat für die Studienreform im Land Nordrhein-Westfalen; Ingenieurinnen erwünscht; Handbuch zur Steigerung der Attraktivität ingenieurwissenschaftlicher Studiengänge für Frauen; Bochum 2000; S. 14
http://www.think-ing.de/index.php?media=985

Die Arbeitslosenquote von 20 % bestätigt die schlechte Ausgangsbasis für Ingenieurinnen. Die Situation des weiblichen Geschlechts in der Arbeitswelt unterscheidet sich bei weitem von denen der Männer. Frauen haben schlechtere Aufstiegschancen und bleiben meistens auf der Ebene des mittleren Managements stehen und für sie bleiben die Türen bis ganz „nach oben" verschlossen.

Die Gründe für eine Unterbesetzung des weiblichen Geschlechts sind vielfältig. Eine Erklärung dafür wäre, dass Betriebe konservativ denkend sind und das Risiko einer Veränderung in der Personalsituation scheuen.19

7.2 Karriere und Familie

Diese zwei Wörter zu vereinen, fällt den deutschen erwerbstätigen Müttern schwer. Politiker artikulieren den Wunsch nach Kinderbetreuung und Ganztagsschulen. Aber aus Wünschen ist bisher noch nicht Wirklichkeit geworden. Die Situation für deutsche Frauen stellt sich als schwer lösbare Aufgabe heraus, wenn politische Institutionen keine geeigneten Rahmenbedingungen für Familie und Beruf schaffen. Dieses Argument wird durch eine Studie des Bundesbildungsministeriums unterstützt. Demnach lässt die Erwerbstätigkeit von Frauen mit Kindern nach.19

Selten hört man in den Medien, dass Betriebe in Deutschland Verständnis für eine Auszeit von Müttern haben und ihnen eine geeignete Teilzeitstelle anbieten können. Oft sind Mütter mit Ihren Kindern auf sich alleine gestellt und müssen nach einer privaten Betreuung suchen. Einen Vorteil haben Frauen, die in anderen Ländern Europas wie Frankreich oder Dänemark wohnen. Institutionen unterstützen hilfebedürftige Familien und setzen auf eine „kinderfreundliche Politik".

19Vgl. VDI Verein Deutscher Ingenieure; Chancen im Ingenieurberuf; Das VDI-Bewerbungshandbuch 2006; Düsseldorf 2006; S. 40 und 41

8 Verdienstmöglichkeiten von Ingenieurinnen und Ingenieuren

Zum Ende des Vorstellungsgesprächs fragen Personalchefs Bewerber nach den Gehaltsvorstellungen. Spätestens jetzt sollte man eine adäquate Antwort parat haben. Eine Fehleinschätzung hat oft eine Unterbezahlung oder ein „Aufseufzen" des Gegenübers zur Folge. Verbände sind die erste Anlaufstelle für Gehaltsauskünfte. Mögliche Einflussfaktoren sind in die Gehaltsvorstellung mit einzubeziehen. Die Größe des Betriebs, die Stellung in der Hierarchie, die Berufserfahrung oder die Branche können dabei ausschlaggebend sein. 20

Die Staufenbiel Job-Trends Studie bestätigt die in Zeitungen und Verbänden kursierenden Gehaltsangaben mittelständischer Unternehmen. Ein Berufseinsteiger verdient im Schnitt zwischen 38.000 € und 44.000 €. Allgemein ist bekannt, dass Angebot und Nachfrage den Preis für ein Produkt oder eine Dienstleistung bestimmen. Da Ingenieure auf dem Arbeitsmarkt gefragt sind, ist auch ihr „Preis" höher als z. B. von Germanisten. Nach einer Studie des Spiegels sind Wirtschaftsingenieure derzeit, die am höchst bezahltesten Arbeitskräfte.

Mit wachsender Berufserfahrung steigt auch das Gehalt. In den ersten fünf Jahren können sich Berufseinsteiger über die größten Gehaltssprünge freuen. Der Gehaltszuwachs fällt mit zunehmendem Alter jedoch ab.

---

20 Vgl. Prof. Dr.-Ing. Klaus Henning; Ingenieure 2007; 22. Auflage; Staufenbiel Verlag; Aachen 2006, S. 78

9 Zusammenspiel von Technik und Ökologie

„Die Erde im Klimaschock", so lautet der Titel des Focus-Magazins.21 Wissenschaftler prophezeien eine verheerende Klimakatastrophe mit fatalen Folgen, wenn der Anteil an CO_2 bis zum Jahre 2020 um 20 % reduziert werde. Das Abschmelzen riesiger Eisschilder in Grönland und der Westantarktis und Dürren in der dritten Welt beziffern das Ausmaß des irreversiblen Schadens. Der größte Feind der Natur ist der Mensch und sein steigender Lebensstandard. Ökologische und soziale Aspekte bestimmen heutzutage den Ingenieurberuf. Die Technik alleine im Vordergrund, ohne Rücksichtnahme auf die Umwelt, ist angesichts der Klimaveränderung nicht mehr möglich.

9.1 Verantwortung für Technik und Umwelt

Der Anstieg der Treibhausgase hat verschiedene Ursachen. Die Verfeuerung von fossilen Brennstoffen, wie z. B. Holz, ÖL und Benzin sind die größten Verursacher des Treibhauseffekts. Die Übernahme der Verantwortung für diesen fortschreitenden Prozess sollten sich Unternehmen zur Aufgabe machen, umweltverträgliche Güter zu produzieren. Der Ingenieur der Zukunft wird sein Ideenreichtum auf ökologisch vertretbare Lösungen einschränken müssen. Rohstoffreserven und Energievorräte sind knappe Vorkommnisse auf unserer Erde. Nicht nur technisch machbare Lösungen, sondern auch ökologisch sinnvolle werden im Fokus der Ingenieurarbeit stehen.

9.2) Verantwortung für Gesellschaft und Politik

Ingenieure sind die Erfinder und Entwickler neuer Technikkreationen. Die Folgen ihres Handelns z. B. in der Medizin –oder Gentechnik beeinflussen nicht nur die Weltwirtschaft, sondern auch die Gesellschaft. Daher sollte ihre Schaffenskraft auch ethische Grundsätze mit einbeziehen. In der Politik sind Ingenieure selten vertreten. Sie übernehmen eine beratende Funktion und stellen ihr fundiertes Wissen zur Verfügung, um Politiker eine sachgerechte Grundlage für Diskussionen und Entscheidungen zu schaffen.

21Das moderne Nachrichtenmagazin; Focus; Ausgabe Nr. 9; 26. Februar 2007; S. 20 u. 21

10.) Schlussbetrachtung

Meine Hausarbeit zum Thema „Perspektiven von Ingenieurinnen und Ingenieuren auf dem Arbeitsmarkt" zeigte, dass ein Studium der Ingenieurwissenschaften eine gute Investition in die Zukunft ist. Auf dem Arbeitsmarkt haben Ingenieure nach wie vor die besseren Chancen als Absolventen anderer Fachbereiche. Ihre Ausbildung ist zwar hart, aber sie zahlt sich später mit hervorragenden Perspektiven auf dem Arbeitsmarkt aus.

Ich versuchte zu zeigen, dass sich die Lage von Ingenieurinnen auf dem Arbeitsmarkt zwar verbessert hat, aber es dennoch zu Benachteiligungen von Frauen kommt.

Die Untersuchungen ergaben, dass nicht nur das technisch machbare im Vordergrund steht. Die ökologischen Bedingungen in der heutigen Zeit haben sich geändert. Technik, Gesellschaft und Umwelt sind Schlüsselbegriffe, die eine wichtige Rolle im Ingenieuralltag spielen.

10 Literaturverzeichnis

1. Süddeutsche Zeitung vom 19.10.2006 Arbeitsmarkt für Ingenieure

   http://www.sueddeutsche.de

2. Der Spiegel; 50. Ausgabe; 2006

3. Hochschule für Angewandte Wissenschaften Hamburg

   http://www.haw-hamburg.de

4. Microsoft® Encarta® Enzyklopädie 2007 © 1993-2006 Microsoft Corporation

5. Dr.-Ing. Klaus Henning; Ingenieure 2007; 22. Auflage; Staufenbiel Verlag; Aachen 2006

6. VDE Ingenieurstudie 2005 Elektro -und Informationstechnik; Studium * Beruf *

   Arbeitsmarkt http://www.think-ing.de/

7. Katrin Alberts; Technik; 5. Auflage; Staufenbiel Verlag

8. VDI-Nachrichten vom 23.01.2004 „Unternehmen rechnen mit starkem Ingenieurmangel

   in der Zukunft" http://www.vdi-nachrichten.com/

9. Bundesministerim für Bildung und Forschung; Situation und Perspektiven der

   Ingenieurinnen und Ingenieure in Deutschland; Bundestags-Drucksache 14/7999; 2002

   http://www.bmbf.bund.de/

10. Das Unternehmensmagazin Impulse; Artikel vom 14.02.2006 „Ingenieure gesucht"

    http://www.impulse.de/

11. VDI Ingenieurstudie 2005 http://www.vdi.de/

12. Zentralverband Elektrotechnik- und Elektronikindustrie e. V. (ZVEI) Artikel vom

    29.01.2007 „Ingenieurmangel wird zur Wachstums - und Innovationsbremse"

    http://www.ibau.de/

13. Handbuch zur Steigerung der Attraktivität ingenieurwissenschaftlicher Studiengänge für

Frauen - (Hg.) Wissenschaftliches Sekretariat für die Studienreform im Land Nordrhein

Westfalen; „Ingenieurinnen erwünscht!"; Bochum 2000

http://www.think-ing.de/

14. VDI Verein Deutscher Ingenieure; Chancen im Ingenieurberuf; Das VDI

Bewerbungshandbuch 2006; Düsseldorf 2006

15. Das moderne Nachrichtenmagazin; Focus; Ausgabe Nr. 9; 26. Februar 2007